中国航天基金会
CHINA SPACE FOUNDATION

TEENAGER SPACE FANS

主编◎肖志军

航天少年

学生空间搭载实验

基　础

中国出版集团
研究出版社
中国青年出版社
CHINA YOUTH PUBLISHING GROUP

《航天少年：学生空间搭载实验基础》编委会名单

编者序

人类正步入太空时代。随着中国空间站的即将建立，空间试验平台不仅为我国科学家提供了独特的科研环境，也给祖国的花朵们带来前所未有的新机遇。国际空间站上，已经搭载了数百项由各国中学生亲自设计的科学实验，激发了孩子们探索未知的强烈欲望，让同学们对科技产生了浓厚的兴趣，在创新型航天人才的培养中，发挥了不可替代的重要作用。当然，这些受益者主要是美欧等国际空间站主要合作伙伴国的学生们。中国的空间站建成后，我国的广大中学生也将拥有相同的机会，有望将自己设计的实验项目送到空间站。在这个过程中，每位参与的同学都会经历一次独特的洗礼，汲取科学知识的养分，为将来成为枝繁叶茂的栋梁之材，奠定坚实的基础。

本册图书是学生太空搭载实验系列图书的第一本，系统介绍学生参与空间科学搭载实验应了解掌握的基本知识：第一章主要介绍承载学生试验的独特环境，即太空；第二章重点介绍承载试验的设施设备，即各类航天飞行器；第三章则介绍航天科学家在地面创造和设置的失重模拟设施设备，以及如何在地面开展的“太空”试验。此外，本书还通过小链接的形式，生动地介绍了与搭载实验相关知识点。

本册图书的目标是，让读者对学生太空搭载试验相关的基础性内容，有较为清晰明确地认识。因此，在素材的选取上，紧贴与学生太空搭载试验相关联的内容，不涉及高深晦涩的专业知识，特别适合想参与学生空间搭载实验新同学的系统学习。

由于编者水平有限，难免有疏漏和不足之处，敬请广大读者批评指正。

目 录
CONTENTS

第一章

梦幻太空

为什么选择这里

仰望太空，会使人产生无限遐想，人类的祖先也曾为之深深着迷，流传下来的神话故事和传说，表达了他们对神秘星空的无限向往和美好想象。美丽静谧的星空辽阔无垠，超出人类的想象。但壮美的星空里蕴含的却是严酷的自然环境，如果没有先进技术设备的支撑，人类一分钟也无法在这里生存。好奇心是人类科技进步的重要推动力，孜孜不倦地探索未知世界加速了人类文明的崛起。人类要踏足更深远的太空，就必须对空间环境进行更加深入的探究，要掌握大量的先进技术。

太空是一个与地球表面迥异的环境：这里是没有空气、没有氧气的高真空环境；这里是能够摆脱重力束缚的微重力环境；这里是面向太阳和背对太阳温差极大的环境；这里是各种宇宙射线横行的环境；这里也是充斥着越来越多高速飞行的太空垃圾的环境。尽管太空环境对生命体来说过于严酷，但是高真空、高洁净和失重等条件却非常有利于开展基础科学研究，更是开发和验证先进航天技术必不可少的场所。随着航天时代的到来，人类在太空开展了大量的科学试验，学科领域几乎无所不包。太空科学实验听起来非常的高大上，但它早已不是科学家们的专利了。因为各国航天机构纷纷推出了针对学生的太空搭载计划，给世界各地的学生带来福音，使他们有机会设计科学实验，并能真正飞上太空。当然，他们这么做也有“私心”，就是为了吸引广大学生学习科技知识，将来能够投身航天事业，这样航天事业也就后继有人了。哇，原来他们是想将来好招人啊！

作为一名有理想的学生，每个人都想设计搭载太空试验，那该怎么办呢？第一步，你必须知道太空到底是一个什么样的环境。

不系绳的太空行走

◎臭氧层◎

自然界中的臭氧层主要分布在海拔 20 ~ 50 千米的高空。臭氧层能够阻挡阳光中的紫外线，从而为地球上的各种生命起到保护作用。但随着人类活动的增多带来污染的加剧，臭氧层正在遭受破坏。臭氧层的破坏会对人类及其生存的环境造成极为不利的后果。有人估计，如果臭氧层中臭氧含量减少 10%，地面不同地区的紫外线辐射将增加 19% ~ 22%，由此皮肤癌发病率将增加 15% ~ 25%，此外，还将打乱生态系统中复杂的食物链，并可能导致一些生物物种灭绝。

★天与空★

大鹏一日同风起，扶摇直上九万里。中国古人对天充满了无限遐想，认为天是神仙居住的地方，天是一层层地堆上去的，最高的地方是九重天。“可上九天揽月，可下五洋捉鳖”，“九天”指的就是九重天。

我们经常说“天空”，其实“天”和“空”是两个不同的概念，“天”是指太空，是高度“超越”大气层的地方，“空”则指大气层内；“航空”说的是飞机等航空器在大气层内飞行，而“航天”则是火箭推举飞船等航天器到大气层外翱翔。这样一说，你就明白了，“天”在“空”的更上面，“航天器”比“航空器”飞得更高。

“天”是我们了解的重点，为了把它说清楚，我们还是先介绍一下“空”。“空”就是地表上面的大气层。大气是透明的，似乎均匀地分布着。而实际不然，大气密度随着高度增加而不断降低，海拔越高大气越稀薄，大气圈质量的 99.999%都集中在海拔 80 千米的高度以下。地球大气圈的顶部也没有明显的分界线，而是逐渐过渡到星际空间。

世界气象组织根据气体成分、温度、密度等物理性质在垂直方向上的变化，自下而上把大气分成了对流层、平流层、中间层、暖层和散逸层。

马达加斯加日出

对流层是紧贴地面的一层。因为地面附近的空气受热上升，而位于上面的冷空气下沉，这样就发生了对流运动，所以叫做对流层。对流层的高度会随纬度和季节发生变化，中纬度地区一般为 10–12 千米。显著的对流运动和充足的水汽，使对流层的天气现象复杂多变，云、雨、雪、雷电等主要的天气现象都发生在这一层。此外，对流层也是大气层中湍流最多的一层，喷气客机大多会飞越此层顶部，以避开影响飞行安全的气流。

从对流层顶端到海拔 50–55 千米为平流层，因为气流运动相当平衡，而且主要以水平运动为主，故称平流层。

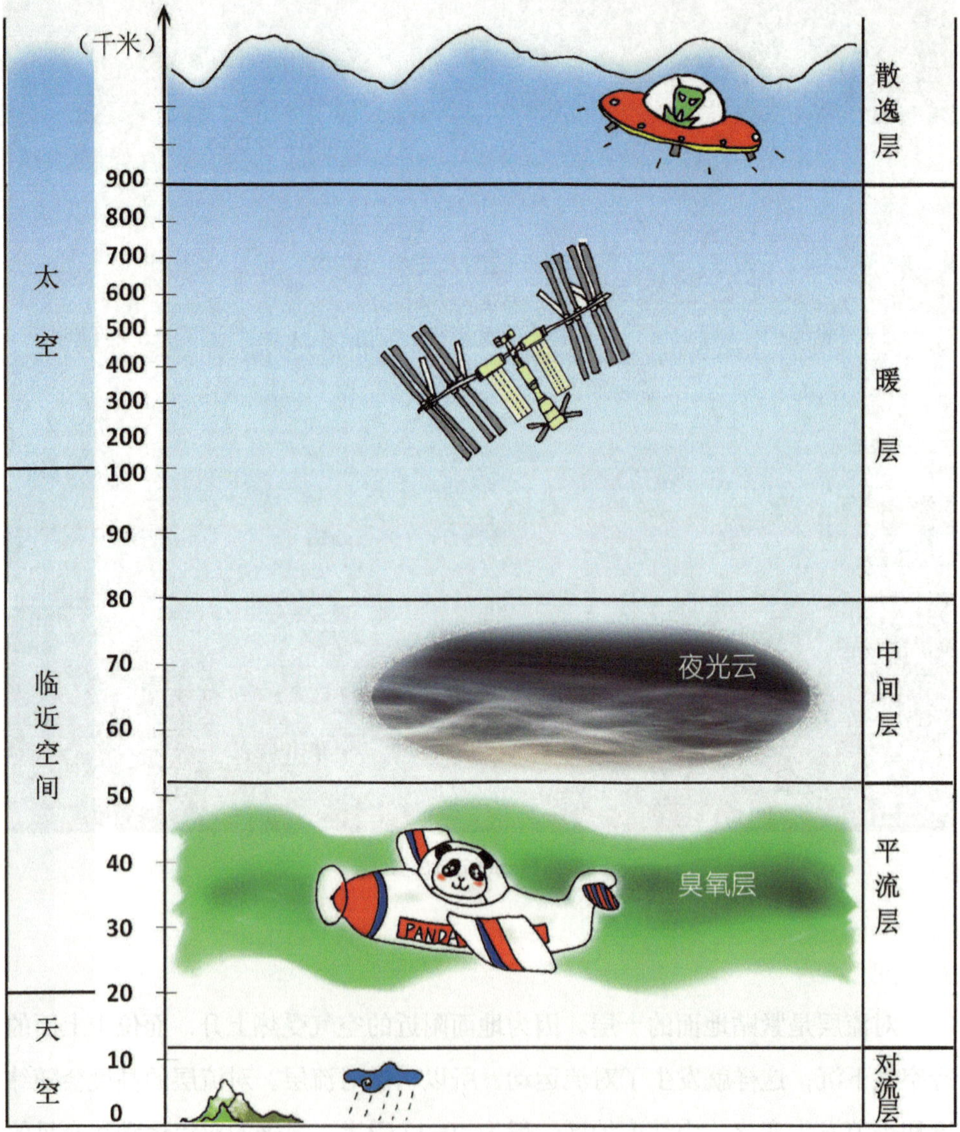
（千米）
散逸层
900
800
700
600
500
400
300
200
100
90
80
70
60
50
40
30
20
10
0
太空
暖层
中间层
夜光云
临近空间
平流层
臭氧层
PANDA
天空
对流层

大气层分布示意

从平流层顶端到海拔 85 千米左右为中间层，主要特点是气温随高度增加而迅速下降，由于中间层下层气温比上层高，有利于空气的垂直对流运动，故又称之为高空对流层或上对流层。中间层顶部尚有水汽存在，在夏季的夜晚，高纬度地区偶尔能见到中间层里银白色的夜光云。

从中间层顶部到海拔 800 千米的高空，称为暖层。这一层大气密度非常小，但气温随高度的增加而迅速升高。暖层的氧分子和部分氮分子在太阳紫外线和宇宙射线作用下被分解为原子，并处于高度电离状态，所以暖层又称电离层。电离层能够反射无线电波，故在远距离无线电通讯中具有重要意义。

暖层顶以上的大气统称为散逸层，又叫外层，高度最高可达到 3000 千米。因大气十分稀薄，受地球引力场约束微弱，一些高速运动的空气粒子就能散逸到星际空间，本层因此而得名。

说了那么多，到底从什么高度开始才算进入太空了呢？其实从严格的科学上讲，空和天之间并没有明确的界限，而是逐渐融合的。国际航空联合会定义 100 千米的海拔高度为卡门线，海拔高度超过 100 千米就算进入太空了。现在，人们通常将海拔 20 千米到 100 千米空间范围称为临近空间，临近空间不是一个学术概念，是一个通用性的称谓。临近空间下面的空域人们通常称为“天空”，是传统航空器的主要活动空间；其上面的空域就是平常说的“太空”，是航天器的运行空间。

地球低轨道（LEO）运行的航天器一般轨道高度为几百千米，如国际空间站的轨道高度为 400 千米左右，实际上处于地球大气的暖层，目前人类绝大部分载人航天飞行活动都是在这个高度范围进行的。自 1961 年加加林实现人类首次轨道飞行以来，人类的足迹已踏上了月球，而火星正在成为我们下一个征服的目标。宇宙的广袤超出了我们的想象，地球到月球的距离为 380,000 千米，而地球距离火星的距离约 400,000,000 千米，每秒 300000 千米的光线，都需要约 20 分钟才能到达。在无人探测方面，人类已经到达了太阳系的所有行星。最远的航天器已经飞到了太阳系的边缘。

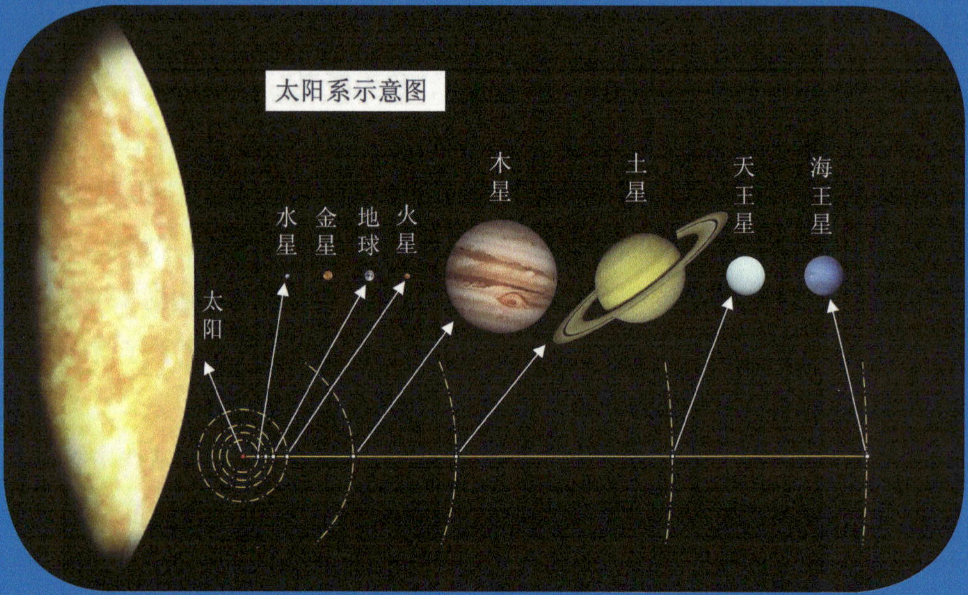
太阳系示意图
太阳
水星
金星
地球
火星
木星
土星
天王星
海王星

太阳系示意

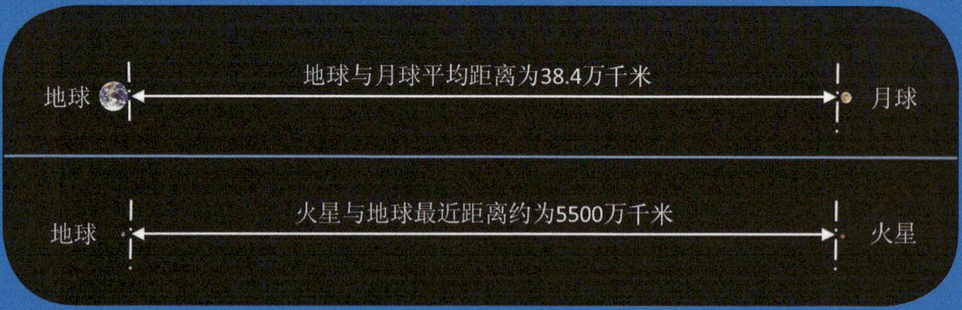
地球
地球与月球平均距离为38.4万千米
月球
地球
火星与地球最近距离约为5500万千米
火星

地月－地火

★认识微重力★

顾名思义，“微重力”就是指重力非常微弱的一种状态，人们有时也形象地称之为“失重”或“零重力”。要了解微重力，首先我们必须了解什么是重力。重力就像我们呼吸的空气一样，时刻陪伴在我们身边，如影随形。但千百年来，人类习以为常，似乎并没有意识到它的存在。直到有一天，一个熟透的苹果掉落下来，恰好砸在英国科学家牛顿的头上，苦思冥想的牛顿茅塞顿开，终于发现了万有引力定律，为我们揭开了重力神秘的面纱。

苹果砸牛顿

实际上，重力来源于万有引力，是目前人类发现的四种基本作用力之一，即我们所熟悉的万有引力、电磁力、强作用力和弱作用力。两个物体之间的万有引力取决于它们各自的质量和相互距离，其大小与它们质量的乘积呈正比，与它们之间距离的平方呈反比，这就是著名的万有引力定律。万有引力定律和牛顿第二定律帮助人类揭示了宇宙天体的运行规律，天文学家凭借有限的观测资料，就能计算出长周期运行天体的轨道。历史上，天文学家就是根据万有引力定律计算，预测和发现了哈雷彗星、海王星、冥王星等天体。此外，利用万有引力定律、开普勒第三定律等还可以用来计算太阳、地球等无法直接测量的天体质量。

然而，地球上物体所受到的重力，并不完全等于地球作用于物体的万有引力，因为地球自转的存在，万有引力的一部分做了向心力。地球上物体的重力等于物体的质量乘以重力加速度 g，即 $f=m \cdot g$，这是我们中学物理课本上非常熟悉的公式。出于简化的原因，我们一般将地表的重力加速度 g 看成一个常数，即 $9.8m/s^2$。但实际要复杂得多，虽然同在地球表面，但纬度不同或地下物质密度不同，都会造成这个常数的细微变化。因此，通过研究重力加速度的异常变化，可发现和寻找地球上的矿藏；也可以通过重力加速度的变化，研究地

称体重

球内部的构造。

由于月球和火星等天体的质量与地球质量不同，其星球表面的重力加速度也与地球上不一样：月球表面的重力加速度约为地球的六分之一，而火星表面的重力加速度约为地球表面的三分之一。换句话说，体重 60 千克的人在月球上只有约 10 千克重，在火星则有 20 千克。

失重 vs 微重力

失重是指物体在引力场中自由运动时有质量但不表现重量的一种理想状态，又称零重力。例如，跳伞运动员跳出飞机后没有打开降落伞之前，就处于一种短暂的近乎失重的状态。这时，虽然跳伞者仍然受到重力的作用，但重力全部用来使他加速坠落，他本身需要的“支撑力”近似为零。日常生活中，当我们乘坐的电梯突然下降时，我们会感到头部一晕，这是瞬间失重使身体血液

扔球

涌向头部造成的。

那么，地球轨道上物体失重是怎么回事呢？当我们向远方高空抛出一个物体时，物体脱手后就会经历一段时间的自由落体运动，物体在自由落体期间就处于失重状态。抛出物体的初速度越快，自由落体的时间就越长，落的距离也就越远。因为地球是球形的，当出手的速度达到第一宇宙速度时，物体就会一直围绕地球向下降落，变成围绕地球旋转的状态，这时物体就会进入地球轨道，长期处于失重状态。地球轨道上运行的各种航天器，都遵循着相同的原理。它们一般是通过运载火箭，加速到第一宇宙速度，从而进入地球轨道。

完全失重是一种理想状态，即使在地球轨道上，因为微量大气的存在，物体也不是百分之百的完全失重，而是处于一种微重力状态。微重力是指由于残余的力，如空气阻力或阳光压力，而不能达到彻底失重的状况，通常用其 g 的百分比来表示（例如 $10^{-2}g$–$10^{-6}g$）。所以，用微重力（Micro-gravity）这个术语比失重（Weightlessness）或零重力（Zero-gravity）更科学、更准确。由于微重力的存在，航天器的轨道会不断降低，如果不进行任何干预，航天器最终会坠落到大气层而烧毁。所以，长期在轨运行的卫星或载人空间站等航天器，都需要定期进行轨道维持，通过发动机点火提升轨道，从而延长卫星使用寿命。

奇妙的微重力环境

微重力是一个非常奇妙的环境，我们在电视上经常看到航天员在太空像神仙一样飘来飘去，松开手水杯也不会掉落，水滴会变成晶莹剔透的球形，透过水滴可以看到对面物体清晰的倒影……

但失重环境并不总是那样美好。在地球上，我们无时无刻不受到重力的影响。当我们进入微重力环境、摆脱重力的束缚后，人体会发生一系列的适应性变化。由于重力梯度的消失，平时潴留在下肢的体液会涌向头部，航天员就会出现脸色发红、头部肿胀、鼻塞等症状，甚至会发生空间运动病。随着在轨时间的延长，“用进废退”会造成航天员肌肉的萎缩和骨密度的降低，因为在微重力环境下，肌肉和骨骼不必像在重力场中那样承受重量。如果航天员一直生活在这样的环境中，这种适应性的变化并不会有什么大问题。但航天员终究是要返回地面，这就会造成不小的麻烦，因此必须采取体育锻炼、药物等应对措施，减少肌肉的萎缩和骨质的丢失，维持航天员的健康水平。经过几十年载人航天的实践，人类对于长期太空失重环境对身体的影响，已经有了相当深刻的了解，并研究出了一系列锻炼和药物的对抗措施。目前，人类已经创造了在太空连续生活 438 天的记录。

地球上，物体都要受到持续的重力作用，它将物体拉向地球的中心。地球上发生的绝大部分物理、化学和生物现象，都受到这种力的影响。摆脱重力的影响后，我们对一些自然现象和技术过程会有更深刻的理解，不仅可以研究验证新技术，而且还可以进行特殊的生产加工。

① 别样的太空合影
② 聂海胜和张晓光在太空工作
③ 意大利航天员太空搬运
④ 太空卧室
⑤ 杨利伟在太空吃东西
⑥ 太空飞翔
⑦ 太空中欣赏风景
⑧ 太空理发

★宇宙辐射：太空中的隐形杀手★

在浩淼无垠的宇宙中，蔚蓝色的地球精致而脆弱，她在荒漠般的宇宙中孕育出了生命的奇迹。地球是人类文明的摇篮，但人类不可能永远呆在这个摇篮里。当人类小心翼翼地离开地球的怀抱时，伴随而来的不仅仅是难以抑制的兴奋和喜悦，更有太空中无处不在的危险。也许普通人观看航天员的太空生活时并没有感觉到有什么异样，但科学家们早已知道了太空中隐藏的种种危险。有些危险看得见、摸得着，但还有一些虽然看不见，但同样凶险。在太空中，宇

“火星一号”官网公布的人类未来在火星上的居住群区效果图

宙辐射就是人类要面临的一个危险的隐形杀手。

宇宙空间存在大量肉眼看不见的危险射线，它们属于不可见光光谱范围。然而，这些射线与光线和无线电波一样，本质上都属于电磁波。我们肉眼能够看到的是可见光光谱范围，可见光光谱向上是紫外线、x 射线和伽马射线等，可见光光谱向下则是红外线、短波和无线电波等。我们知道，所有电磁波都具有波粒二象性，就像一枚硬币的两面，电磁波既有波的特性，也有粒子的特性。波长增加时，波的特性随之凸显，波长变短则粒子的特性更加突出。日常生活中，我们能够欣赏立体电影，就是利用了光线波的特征，而镜子反射则充分说明了光的粒子属性。

辐射是一个宽泛的概念，宇宙中的辐射可以分为一般电磁辐射和电离辐射两大类。我们常说的无线电波、微波、红外线、可见光、紫外线等就属于一般电磁辐射，它们贯穿物体的能力差，对人体的危害相对较小。而电离辐射是指波长小于100nm的电磁辐射，能够使物质发生电离，其特点是波长短、频率高、能量高。电离辐射具有非常强的物质贯穿能力，可以使材料和生物细胞受到损害，对人体的危害非常大。电离辐射种类很多，高速带电粒子有 α 粒子、β 粒子、质子、原子等，不带电粒子有中子以及X射线、γ 射线等。

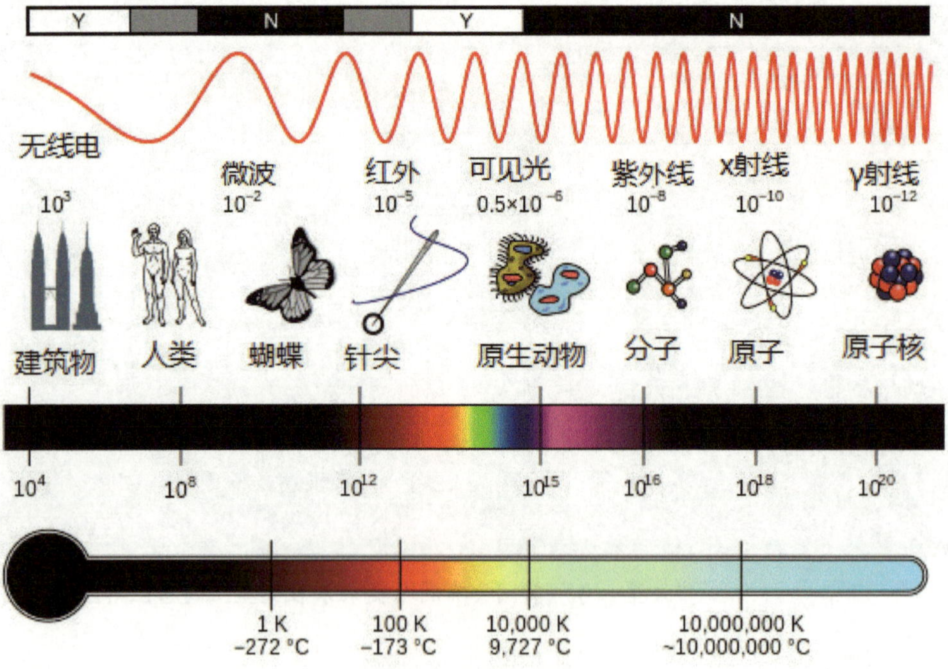

电磁波谱构成图

宇宙电离辐射从来源上看，主要有银河宇宙射线和太阳射线。银河宇宙射线的来源还不清楚，但可以肯定，它们来自太阳系外，具有各向同性，也就是说，它们来自各个方向。银河宇宙射线是由能量极高，而通量很低的带电粒子组成，粒子的主要成分是质子（约占 85%）、α 粒子（约占 13%）以及原子序数大于 2 的元素的原子核（约占 2%）。在原子序数大于 2 的原子核中，有一类称为高能重离子，不仅原子序数大，而且能量极高，在银河宇宙射线中危害最大。它不仅能穿透载人飞船座舱的舱壁，而且击中人体后能引起组织器官的严重损伤。银河宇宙射线的最大通量为每秒钟每平方厘米 4 个质子、0.4 个氦离子、0.04 个高能重离子，平均粒子通量为每秒钟每平方厘米 2.5 个粒子。人体细胞的细胞核横截直径大约为 100 微米，如果没有任何防护，每个细胞核平均每 3 天就会被质子击中一次，每月被氦离子击中一次，每年被高能重离子击中一次。

太阳辐射是指太阳向宇宙空间发射的电磁波和粒子流。太阳辐射光谱中，可见光区能量占 50%，红外区占 43%，紫外区占 7%。地球所接受到的太阳辐射能量仅为太阳向宇宙空间放射的总辐射能量的二十亿分之一，但却是地球大气运动的主要能量源泉。太阳并不是一个平稳发光的天体，黑子和太阳耀斑有着周期性的活动规律，每 11 年会迎来一次活动高峰期，这个年份也叫太阳的极大年。极大年期间，由于太阳表面的剧烈活动，会发生太阳风暴。太阳风暴是指在太阳日冕层高温作用下，氢、氦等原子被电离成带正电的质子、氦原子核和带负电的自由电子等。这些带电粒子运动速度极快，以致不断有带电的粒子挣脱太阳的引力束缚，射向太阳的外围，就形成了太阳风暴。太阳风暴所释放的这些高能带电粒子最快十几分钟就能到达地球，使地球周围的高能带电粒子数量增加成千上万倍，由于质子占了总粒子数的 90% 以上，因此把这种事件称为太阳质子事件。

◎极 光◎

航天员在太空欣赏地球美景时，经常会看到炫丽夺目的极光，并拍摄下来与大家分享。极光是地球周围的一种大规模放电现象。由于地球磁场的存在，来自太阳的带电粒子到达地球附近时，其中一部分会沿着磁场线集中到南北两极。当它们进入极地的高层大气时，与大气中的原子和分子碰撞并激发，产生光芒，形成极光，因此极光只能在地球的南北极出现。在南极发生的叫南极光，在北极发生的叫北极光。

太空拍摄的极光

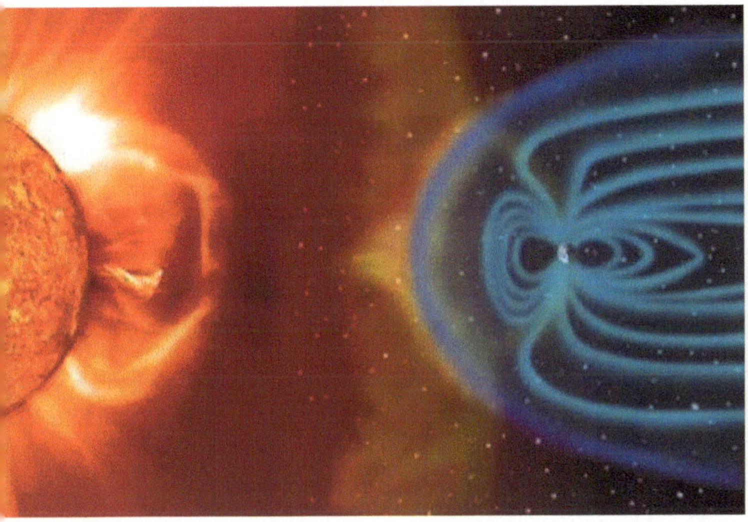

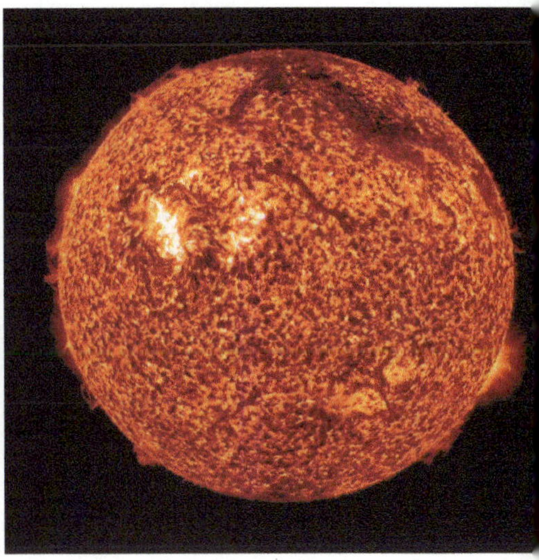

地球磁场抵抗袭来的太阳风暴

太阳风暴

太阳质子事件是太阳风暴带来的最具破坏性的空间天气现象之一，大量高能粒子给在轨航天器带来巨大威胁，包括全球定位系统（GPS）以及人造通信卫星、载人航天器与国际空间站等都受影响。由于地球磁场对高能带电粒子具有屏蔽作用，因此不同轨道高度上的航天器所受到的影响大不相同，高轨道航天器，比如同步轨道卫星，由于远离地球，地磁场的屏蔽作用已十分微弱，质子事件对它的影响往往比较严重，而低轨道航天器受到的影响会小些。

在地球低轨道进行载人航天飞行时，辐射对航天员的健康影响不大，因为地球磁场能够俘获大部分宇宙射线，对航天员的健康起到很好的保护作用。只有当发生太阳质子事件时，才需要对航天员进行特别辐射防护。但是，如果航天员离开地球前往火星，地球磁场的保护作用鞭长莫及，宇宙射线的辐射就会对航天员的身体健康带来巨大威胁。高能粒子主要是通过两种机制危害人体的细胞组织，一是直接造成生物活性大分子断裂、脱落，导致直接损伤；二是与身体中大量的水分子产生自由基，这些自由基进一步与生物分子发生化学反应，造成间接损伤。最终的人体辐射效应危害非常复杂，其严重程度主要与所受到的辐射剂量大小有关。

第二章

通天桥梁：特殊实验室

空间站拍摄的地球美景

通过上一章的介绍，我们对太空环境已经有了基本的认识，接下来将向大家介绍都有哪些进入太空的“通天的桥梁”。实际上，飞船、航天飞机、空间站等天地往返运输工具或空间平台，都是特殊的实验室，也是学生太空搭载试验的具体开展场所。我们知道，所有航天器都是在火箭发动

机的托举下进入太空的，货运飞船、载人飞船、航天飞机、空间站舱段，无不如此。载人飞船任务完成后会返回地球；货运飞船会带上满满的垃圾，在大气层烧毁；航天飞机轨道器会返回地球，但维修后可重复使用；空间站舱段，进入太空后会组建成空间站，寿命终结后，也同样进入大气烧毁。

★载人飞船（Manned Spaceship）★

载人飞船是一种利用火箭垂直发射入轨、利用降落伞垂直返回地球的载人航天器，主要用于运送航天员往返太空，同时也可以运输少量货物。目前，载人飞船都是一次性使用，与可重复使用的航天飞机相比，其费用低而安全性更高。航天飞机退役后，载人飞船就成了目前世界上唯一的航天员天地往返运输工具。苏联曾先后研制了“东方”号、“上升”号和“联盟”号系列载人飞船，美国也曾经研制了“水星”号、“双子星座”号和“阿波罗”号系列载人飞船，但现在世界上现役的载人飞船只有俄罗斯的“联盟”号和中国的“神舟”号。随着美国“猎户座”飞船以及私人公司“龙”飞船载人版本研制的进展，未来将会出现更多型号的载人飞船。

现代载人飞船多为三舱构型，即由轨道舱、返回舱和推进舱三部分组成。轨道舱是航天员的主要活动区域；返回舱是航天员的“驾驶室”，也是飞船中唯一返回地面的舱段；推进舱也称为服务舱或仪器舱，内部装载推进系统的发

飞船发射

飞船反推发动机点火

动机和推进剂及部分设备。

飞船到底是什么样的呢？下面就以我国自行研制的神舟系列飞船为例来了解一下飞船的具体结构：

神舟系列飞船总长度约 8 米，整船重量 7.8 吨，最大直径约 2.5 米，整个飞船从前到后依次为轨道舱、返回舱和推进舱，由制导导航与控制、热控、电源、测控与通信、数据管理、着陆回收、环境控制与生命保障、应急救生、有效载荷等 13 个分系统组成，这些分系统分别位于飞船的不同舱段。飞船的最前端安装交会对接结构，可实现与空间实验室和空间站等航天器的对接。

轨道舱呈圆桶形状，是航天员在太空中工作和生活的主要场所。轨道舱除了为航天员提供食品、饮用水和大小便收集器等生活装置外，还有大量的空间试验装置和仪器设备。

返回舱的外形看上去像一口大钟，它与轨道舱合在一起构成神舟号飞船的居住舱。返回舱可以形象地称为飞船的“大脑”，飞船的指挥控制主要是在这个舱内完成的。返回舱与轨道舱相连，通过舱门可以进入到相邻的轨道舱。返回舱设有 3 个座椅，航天员在飞船的发射和返回阶段必须穿舱内航天服并束缚在返回舱的座椅上，以应对过载和冲击。座椅周围的各种仪表可实时显示飞船导航、飞行姿态、飞行程序、舱内环境等一系列数据，返回舱内设有手动操作手柄及专用配套设备，必要时航天员可以手动进行飞船姿态的调整和控制。

推进舱也呈圆柱形，它也被称动力舱，内部装载推进系统的发动机和推进剂，为飞船提供调整姿态和轨道以及制动减速所需要的动力。推进舱的外部两侧有两个太阳能电池翼，为飞船提供所需电能。

◎ 人类第一艘载人飞船 ◎

1961 年 4 月 12 日，苏联的“东方”1 号宇宙飞船发射升空，将人类首位航天员加加林送入太空，因此“东方”1 号就成为人类第一艘进入太空的载人飞船。

“东方”1 号飞船

发射前的“神舟”飞船

“神舟”飞船

“神舟”十号飞船乘组

“联盟”号飞船

拥挤的“联盟”飞船

“联盟（Soyuz）”号飞船是苏联自行研制的第三代载人飞船，飞船分为仪器设备舱、返回舱和生活舱，是目前世界上服役时间最长、发射频率最高，同时也是被认为是可靠性最好的载人飞船，由第一特种设计局研制。它使用“联盟”号或“质子”号运载火箭发射，主发射场是拜科努尔航天发射场。“联盟”号飞船自诞生以来，经历了“联盟”“联盟 -T”“联盟 -TM”“联盟 -TMA”等多次改进，目前运行的最新版本是“联盟 -MS”飞船。美国航天飞机退役后，“联盟”飞船成为了国际空间站当前唯一的载人往返运输工具。“联盟”号飞船为国际空间站的正常运行作出了巨大贡献 。

“联盟”飞船发射前

◎逃逸塔◎

载人飞船最上方的小尖塔叫逃逸塔，这也是载人飞船和其它无人航天器的一个标志性区别，一旦飞船发射时出现重大故障，“逃逸塔”可及时带着飞船脱离火箭，并通过降落伞安全降落。

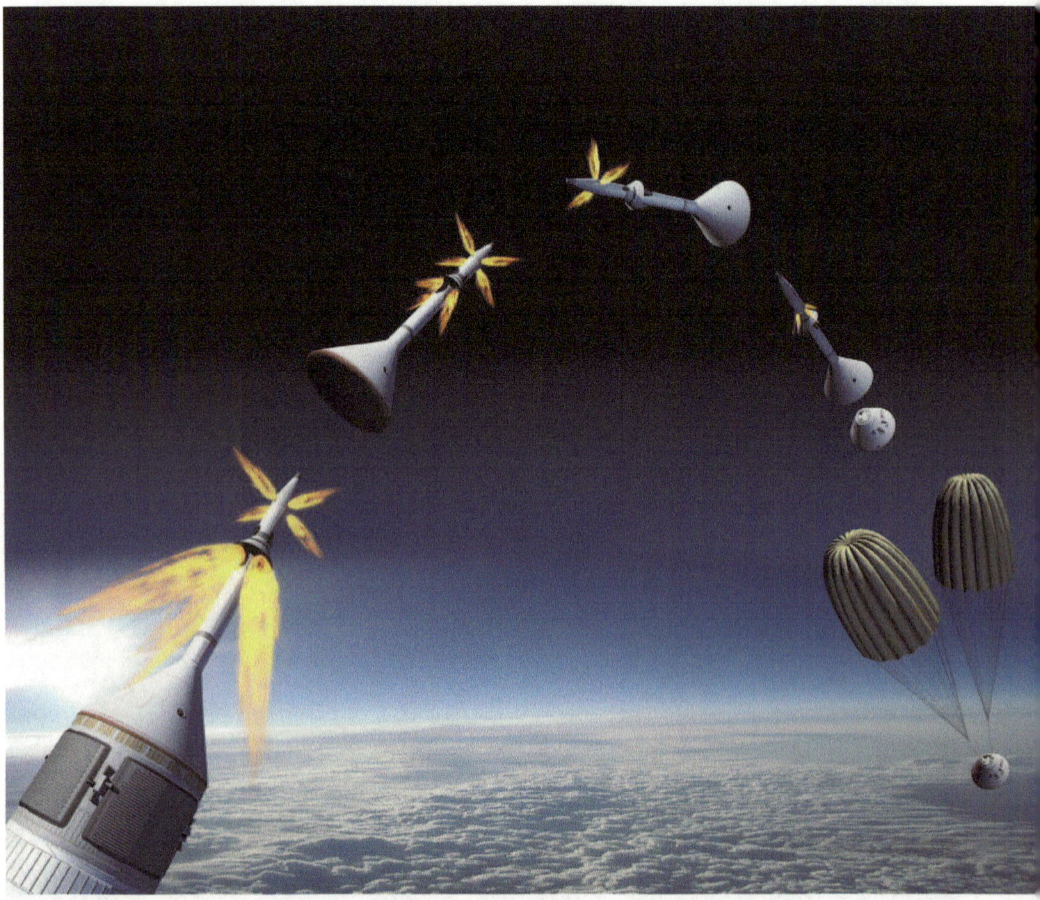

逃逸塔工作示意图

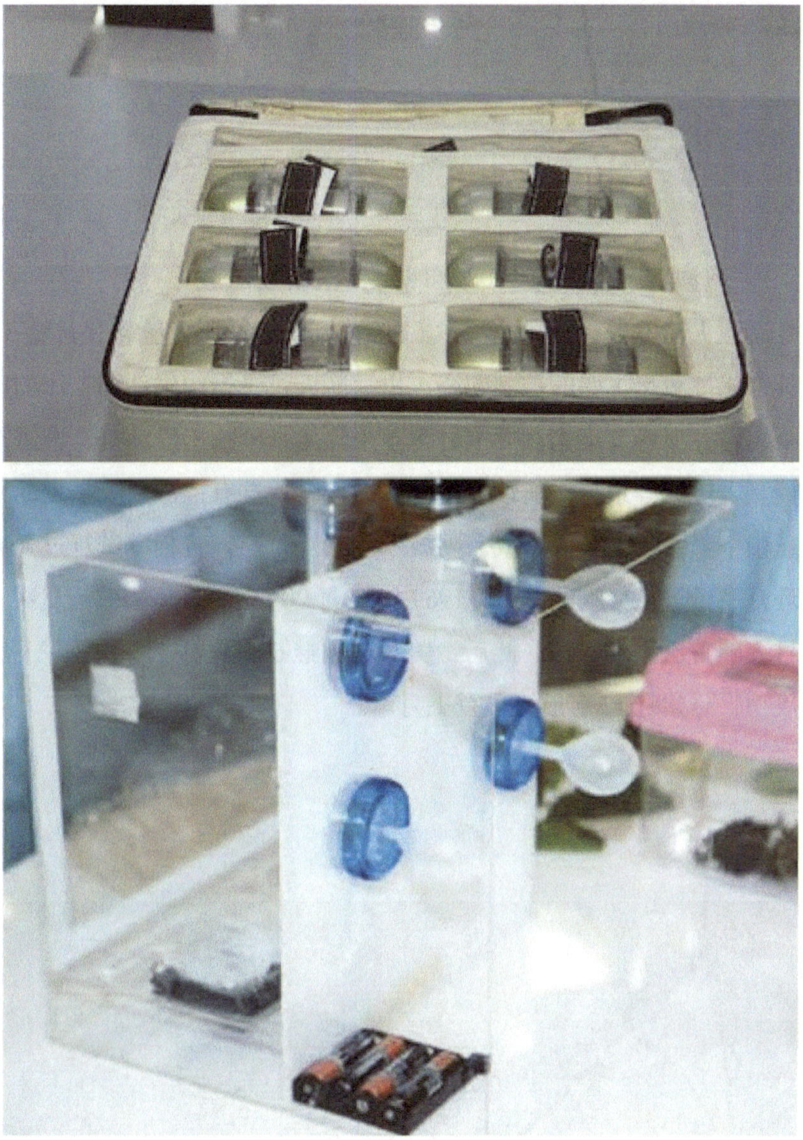

上图为“神舟”十一号搭载的养蚕装置，下图为香港中学生最初设计的养蚕装置。

◎家蚕培养装置◎

“神舟”11号任务中，搭载了家蚕培养实验，为此专门为太空蚕宝宝设计了“太空屋”。太空屋”作为蚕宝宝的住宅，又是它的运动场。“太空屋”差不多有人的手掌大小，“胶囊”两端的半球体由航天专用铝合金打造。为了保证它的居住环境空气清新、温度适宜，屋子上方预留了足够的透气孔，保证空气流通，同时，为了保证居住环境干净整洁，屋子下方预留了清洁孔，方便航天员帮忙清理蚕沙。

“阿波罗”号飞船

“阿波罗（Apollo）”号飞船是美国研发的载人登月飞船，使用“土星5”号运载火箭发射。“阿波罗”号飞船由指挥舱、服务舱和登月舱3个部分组成，其中指挥舱是飞船的控制中心，也是航天员飞行中生活和工作的座舱；服务舱采用轻金属蜂窝结构，周围分为6个隔舱，容纳主发动机、推进剂贮箱、姿态控制、电气等系统，前端与指挥舱连接，后端有推进系统主发动机喷管；登月舱由下降级和上升级组成。阿波罗飞船登月前，曾相继进行过无人飞行、载人环月飞行等飞行验证试验，1969年7月20～21日美国航天员乘“阿波罗”11号飞船首次登上月球。此后，美国又相继6次发射“阿波罗”飞船，其中5次成功，总共有12名航天员登上月球。

"阿波罗"号飞船

“阿波罗”号飞船月球轨道飞行想象图

地球升起

月球登陆

★货运飞船★

货运飞船的结构原理和载人飞船大体相同，最大的区别是货运飞船无需安装环境控制与生命保障设备，其安全性可靠性要求不如载人飞船高。货运飞船主要有俄罗斯的“进步”号、欧洲的 ATV、日本的 HTV、中国的“天舟”号，以及美国私人航天公司的“龙”飞船和“天鹅座”飞船。俄罗斯的“进步”号货运飞船和中国的“天舟”货运飞船安装有交会对接机构，可以自主与空间站对接，而其它货运飞船则需要机械臂抓取捕获，然后与空间站对接。大部分货运飞船不具备自主返回能力，任务结束后，会装满空间站产生的垃圾，在地球大气层焚毁。学生搭载的很多实验都是通过货运飞船进入太空的。

地球背景下的飞船

★“进步”号货运飞船★

“进步”号货运飞船是由“联盟”号飞船改装而成的一次性无人飞船，专门用于空间站的物资运输，被形象地称为“太空大卡车”。“进步”号货运飞船重约 7 吨，可运送 2.3 吨的有效载荷进入近地轨道，其中货舱可运载 1.3 吨的货物，燃料舱可加注携带 1 吨左右的燃料。“进步”号货运飞船配备有交会对接机构，能够与空间站进行自动交会对接，也可由航天员手动操作进行对接。“进步”号货运飞船在太空可自主飞行 4 天，与空间站对接飞行可达两个月。“进步”号货运飞船装备的推进发动机，还能用来提升空间站的轨道高度，实现空间站的轨道维持。任务结束后，“进步”号货运飞船一般会装满各种垃圾，返回大气层烧毁。

“进步”号货运飞船

★“天舟”号货运飞船★

“天舟”一号与“天宫”二号对接

飞船采用两舱构型，由货物舱和推进舱组成，货物舱为全密封加压舱段。飞船全长10.6米，最大直径3.35米，起飞质量为12.91吨，太阳帆板展开后最大宽度14.9米，物资运输能力约6.5吨，其中推进剂补加能力约为2吨，具备独立飞行3个月的能力。

2017年4月20日，长征七号运载火箭搭载“天舟”1号货运飞船实现首飞，并与“天宫”2号空间实验室交会对接，先后实施了推进剂在轨补加等一系列科学实验和技术试验，实现了既定目标。“天舟”货运飞船的成功研制为中国空间站的建设打下坚实的基础。

“天舟”货运飞船

★ATV 货运飞船★

ATV 货运飞船是欧洲的货运飞船也叫自动转移飞行器，形状像个大圆筒，外表呈蛋壳色，全长 10 米，最大直径为 4.5 米，重量约 10 吨。它的运货能力可达 7 吨，从 2008 年起到 2014 年共发射了 5 艘。体积像双层巴士一样的自动转移飞行器有 4 类用途：向空间站运送补给物资；在货物卸载后，可以用作空间站的附加活动室；提升国际空间站的轨道；用作垃圾箱，把 6.5 吨空间站产生的废弃物资带回地球烧毁。

国际空间站航天员搬运货物

欧洲研制的 ATV 货运飞船

★HTV 货运飞船★

日本 HTV 货运飞船

HTV 货运飞船（H-II Transfer Vehicle，HTV）是日本航空航天探索局（JAXA）专门为国际空间站（ISS）计划研发、由三菱重工制造的不载人货运飞行器。其低轨货运能力 6 吨，配置非压力密封舱和舱门足够宽的压力密封舱，它通过机械臂捕获的方式与 ISS 对接，能够将 6 吨的补给运送到国际空间站，然后将废物运回地球并在大气层内燃烧掉。HTV 是目前唯一可向空间站运送加压与非加压货物的无人飞行器。

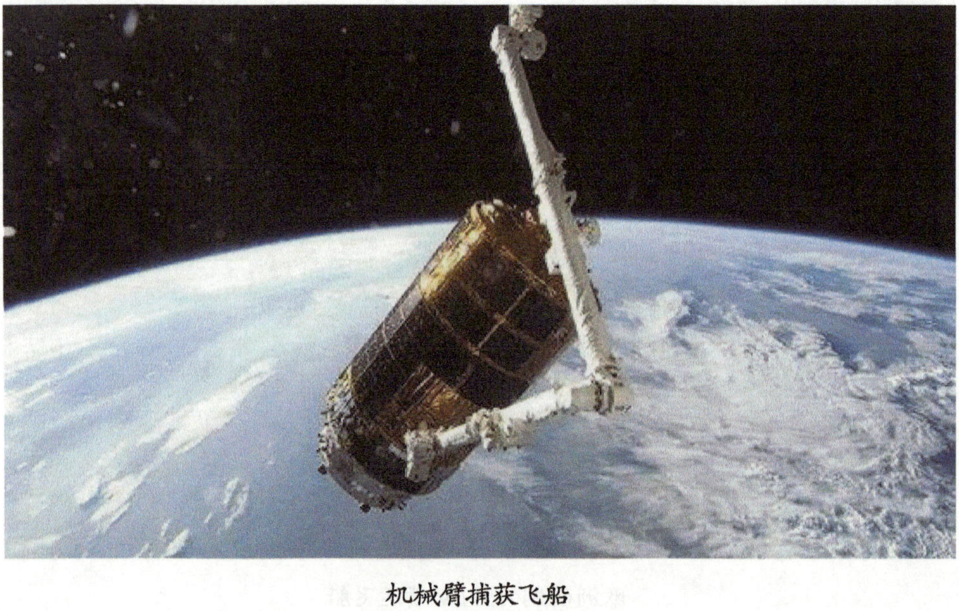
机械臂捕获飞船

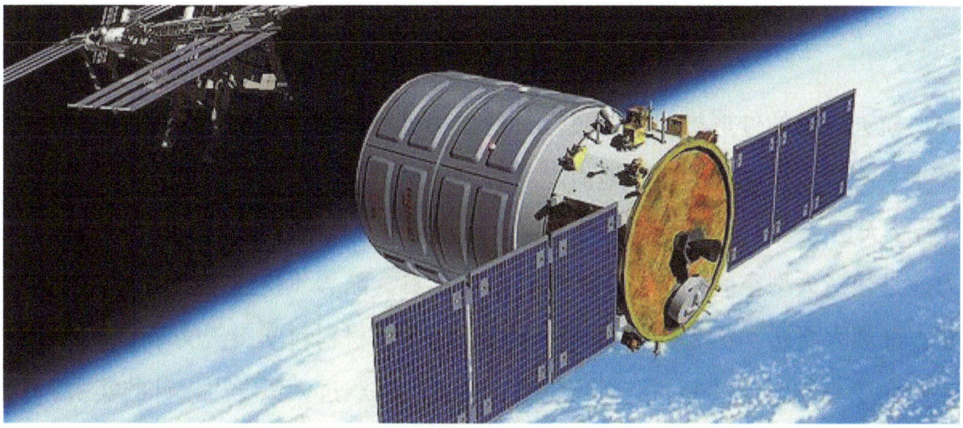

“天鹅座”货运飞船

★“天鹅座”货运飞船★

“天鹅座”货运飞船为美国轨道科学公司应美国国家航空航天局商业轨道运输服务发展计划的一部分而开发的货运补给飞船，使用安塔瑞斯火箭发射升空。2013 年 9 月 29 日首飞成功。2014 年 10 月 28 日首次进行夜间发射，发射升空后因火箭爆炸，“天鹅座”货运飞船损毁。2015 年 12 月 6 日，历经三次延迟发射的新一代“天鹅座”无人货运飞船于卡纳维拉尔角空军基地成功发射，将 3.5 吨的补给和设备送往国际空间站，这是美国在经历两次发射爆炸事故后，第一次恢复空间站“快递”服务。目前，天鹅座货运飞船已经发射 9 艘，1 艘失败，8 艘成功。

“天鹅座”货运飞船

★航天飞机（Space Shuttle）★

航天飞机的外形类似民用飞机，是一种可垂直发射升空、又可以像飞机那样水平着陆、往返于太空和地面之间的可重复使用的载人航天器，一次可搭载7名航天员。航天飞机不仅具备发射、捕捉卫星的功能，还具有很强的运载能力，是建造大型空间站的主要运输与服务工具。航天飞机还可以作为空间实验室，开展大量科学实验，曾实施了包括生物学、材料科学、天文学等多领域的2000多个在轨科学实验。航天飞机上，也曾经搭载过大量学生设计的实验。

1981年4月12日，首架航天飞机“哥伦比亚”号从佛罗里达州卡纳维拉尔角肯尼迪航天中心发射升空，开启了航天飞机时代。美国曾先后建造了5架航天飞机，分别是“哥伦比亚”号、“挑战者”号、“发现”号、“阿特兰蒂斯”号和“奋进”号，共执行了135次航天任务。1986年“挑战者”号发射时发生爆炸，2003年“哥伦比亚”号返回时发生解体，两次灾难性事故沉重打击了航天飞机计划，暴露了航天飞机的安全性方面存在着许多问题，再加上航天飞机并没有实现通过重复使用来降低发射费用的初衷，加速了航天飞机退役的步伐。2011年7月21日，随着最后一次任务的完成，航天飞机最终全部告别了历史舞台。

航天飞机由轨道飞行器、外燃料箱和固体燃料火箭助推器三大部分组成。轨道飞行器是整个系统的核心部分，它的头部和机翼的前边贴有大量防热瓦，使得飞行器在返回时不被高温烧毁。轨道器包括乘员舱、货舱以及尾部发动机三大部分。前段的乘员舱分为上中下3层，上层有飞行控制室 、健身房、浴室和厨房等；中层是航天员工作和休息的地方；下层是有冷气管道及存放废弃物等的地方。轨道飞行器的中段是货舱 可放置各种仪器设备以及对回收的航天器进行修理，货舱紧邻机械臂，机械臂用于施放和回收各种小型人造航天器。轨道飞行器后段主要是垂直尾翼、三台主发动机和两台轨道机动发动机。与轨道器相连的是外挂燃料箱，内装液氢液氧推进剂，是航天飞机上唯一不能重复使用的部件，升空8-9分钟后，推进剂耗尽，外燃料箱与轨道器分离，大部分残骸在与大气接触下落的过程中烧毁 只有一小部分落进海洋。两枚固体火箭助推器在外贮箱的两侧，当航天飞机起飞时，助推器与航天飞机的主发动机同时启动，在飞行的前期为航天飞机飞离地球协助提供更多的推力，当航天飞机飞行至45公里左右的高空时，助推器分离并依靠降落伞下落，经回收检查和修理维护后，可进行重复使用。

除了美国的 5 架航天飞机，前苏联曾研制“暴风雪”号航天飞机，并于1991 年成功进行了无人试飞，后因经费短缺等原因终止了研发。

航天飞机发射

维修哈勃太空望远镜

◎ 业余无线电台装置 ◎

从 STS–9 任务开始，业余无线电台就作为常规载荷出现在航天飞机任务中。1983 年 11 月 28 日，在“哥伦比亚”号航天飞机 STS–9 任务中，身为任务专家同时也是无线电爱好者的欧文·盖瑞特携带了呼号为“W5LFL”的业余无线电台，在外太空进行了近 300 次对地联络，全世界的业余无线电爱好者们第一次听见了来自地外人类的声音。

1996 年，国际空间站才刚刚处于筹备阶段的时候，一些主要的业余无线电组织，如美国业余无线电联盟（American Radio Relay League，ARRL）、国际业余卫星公司（Radio Amateur Satellite Corporation, AMSAT）的代表们，就与当时参与国际空间站计划的 8 个国家的航天机构签署了国际空间站业余无线电通讯计划 (Amateur Radio on the International Space Station，即 ARISS，再) 的谅解备忘录。随后，NASA 和俄罗斯“能源”公司签订协议，确定了业余无线电设备在国际空间站的安装位置。

2000 年 11 月 2 日，国际空间站核心组件“星辰”号服务舱发射入轨。同年 9 月，“亚特兰蒂斯”号航天飞机将业余无线电台送入了国际空间站，最终落户在了“星辰”号服务舱。同年 11 月中旬，威廉·谢波德与地面爱好者进行了首次国际空间站与地面的业余无线电通讯；同年 12 月 21 日，在“ARISS”计划的推动下，威廉·谢波德与美国伊利诺斯州伯班克学校的学生们完成了首次天地通话。

ARISS 是美国国家宇航局面向青少年的科技教育项目之一。这个计划给学生们提供一个利用业余无线电和国际空间站宇航员直接交流的兴奋体验。教师、家长和社会将看到业余无线电将如何激发青少年对科学、技术和知识的追求。

和国际空间站宇航员对话是一种独特的教育体验，美国联邦通讯委员会支持国际空间站业余无线电通讯计划。借助业余无线技术的帮助，美国国家宇航局希望给世界范围内的青少年提供机会。

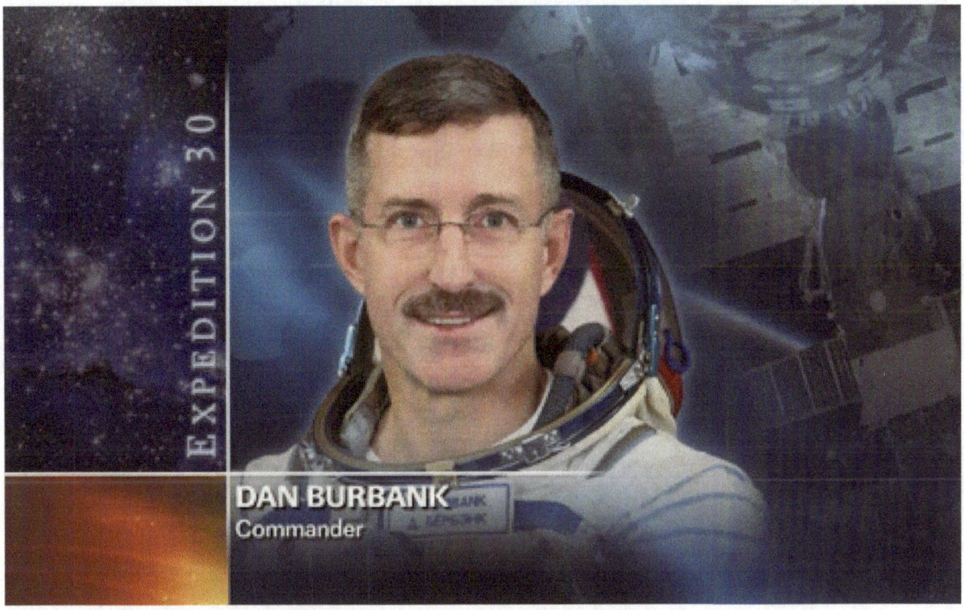

伯班克通过业余无线电回答学生问题

航天员苏尼塔·威廉姆斯通过业余无线电与学生对话

航天飞机操作面板

开路先锋“哥伦比亚”号

1981 年初，经过十几年的研制，美国第一架航天飞机建造成功，以美国第一艘环绕地球航行的轮船名字“哥伦比亚”号命名。它第一次飞行的任务只是测试它的轨道飞行和着陆能力，开路先锋“哥伦比亚”号不辱使命，在太空飞行 54 小时、环绕地球飞行 36 圈之后成功着陆。随后，“哥伦比亚”号就成为美国航天飞机家族中的骨干力量，前后共计执行了 28 次飞行任务，多次将航天员、军用卫星、探测器等送入太空。

辉煌的背后，厄运在悄悄接近。美国当地时间 2003 年 2 月 1 日，“哥伦比亚”号在结束了为期 16 天的太空任务返回地球途中，因起飞时隔热泡沫脱落撞击，损伤了机翼上的隔热瓦，导致飞机解体坠毁，随机的 7 名航天员也魂销长空。

“哥伦比亚”号的第一次任务

英年早逝“挑战者”号

1982年，“挑战者”号成为美国的第二架航天飞机，承袭英国的一艘海军研究船“挑战者”号而得名。在第一次飞行过程中，“挑战者”号将一颗跟踪和数据中继卫星送入太空。两个月之后，“挑战者”号再度飞行。乘组人员中有萨丽·赖德，她是第一次进入太空的美国女航天员。

正由航天飞机运输飞机（SCA）运往肯尼迪太空中心的“挑战者”号。拍摄时间：1984年7月4日

“挑战者”号是美国航天飞机家族中寿命最短的一架，也是全世界知名度最高的一架。这一切都源于它的悲惨结局，1986年1月28日，“挑战者”号从肯尼迪航天中心发射时，因为右侧固态火箭推进器上面的一个“O”形环因低温失效，导致一连串的连锁反应，飞机升空后73秒时爆炸解体坠毁，7名机组人员全部遇难，“挑战者”号成为一个悲壮的符号与纪念。

“挑战者”号爆炸

在ST–121任务中，正飞近国际空间站准备进行对接的“发现”号。货舱中可以见到该任务中“发现”号负责承载的里奥纳多多功能后勤舱。

临危受命的“发现”号

1984年，“发现”号成为美国建造的第三架航天飞机，以英国探险家詹姆斯·库克的考察船队中的一艘“发现”号而命名。“发现”号的第一次飞行是在1984年8月，迄今为止，执行任务39次，比任何其它航天飞机飞行次数都多。

不过，真正使“发现”号成为美国航天飞机家族中最耀眼的明星还在于它的两次临危受命执行任务：第一次是在“挑战者”号失事后进行的首次太空飞行，第二次是在“哥伦比亚”号坠毁后执行首次任务，重塑了人们对航天飞机的信心和勇气。

任重道远“亚特兰蒂斯”号

即将发射执行 STS–122 任务的“亚特兰蒂斯”号航天飞机

1985 年，“亚特兰蒂斯”号成为美国宇航局的第四架航天飞机，以美国第一艘远洋船舶的名字命名。迄今为止，“亚特兰蒂斯”号航天飞机共计进行了 32 次飞行，第一次飞行是美国空军的一次机密行动，它把两颗国信卫星送入太空。此外执行的一些令人瞩目的任务包括将“伽利略”号和“麦哲伦”号行星探测器送入太空，将美国航天员莎朗 · 露西德送到俄罗斯的“和平”号空间站等。

后起之秀“奋进”号

1991 年，“奋进”号成为美国第 5 架航天飞机。与“发现”号一样，它也是以英国探险家詹姆斯·库克的考察船只之一的名字而命名，这也是首架以公开征名竞赛的方式命名的航天飞机。“奋进”号被用来替代 1986 年在爆炸中毁坏的“挑战者”号。“奋进”号总共执行了 25 次航天任务，1992 年在第 2 次执行任务时就因为拯救一颗濒临绝境的卫星而声名鹊起。

“奋进”号也被赋予更多的技术尝试，采用了许多新技术扩展其能力，这些被验证成功的技术和设备又被应用到其他家族成员身上。

作为航天飞机豪门家族成员中最年轻的一员，在这个见证了万千辉煌、同时也渲染了太多浓重悲壮的家族史上划上一个圆满的句号。

“奋进”号完成任务后降落在加州爱德华空军基地

★空间站（Space Station）★

空间站是一种在近地轨道长时间运行，可供多名航天员工作和生活的载人航天器。随着航天技术的进步，空间站已经从单舱、只有一个对接口的第一代空间站，逐步演化到多舱、桁架式和积木式“混和”结构的第四代空间站。宽敞的内部空间和优越的微重力环境，使得空间站成为人类理想的微重力科学研究平台。

空间站配备有各种对接口，航天飞机和载人飞船等载人航天器，可以通过对接口与空间站对接，实现航天员的轮换；货运飞船通过对接口，可以实现燃料、食物、水等各种货物的补给。空间站能保障人在太空的长期生存，环境控制与生命保障系统为航天员在太空创造了一个适合人类生存的小环境，大部分的氧气和水可以循环再生，而食物目前则主要依靠地面补给。但随着受控生态生保技术的进步，未来食物也有望能实现再生，这样就可以大大减少补给需

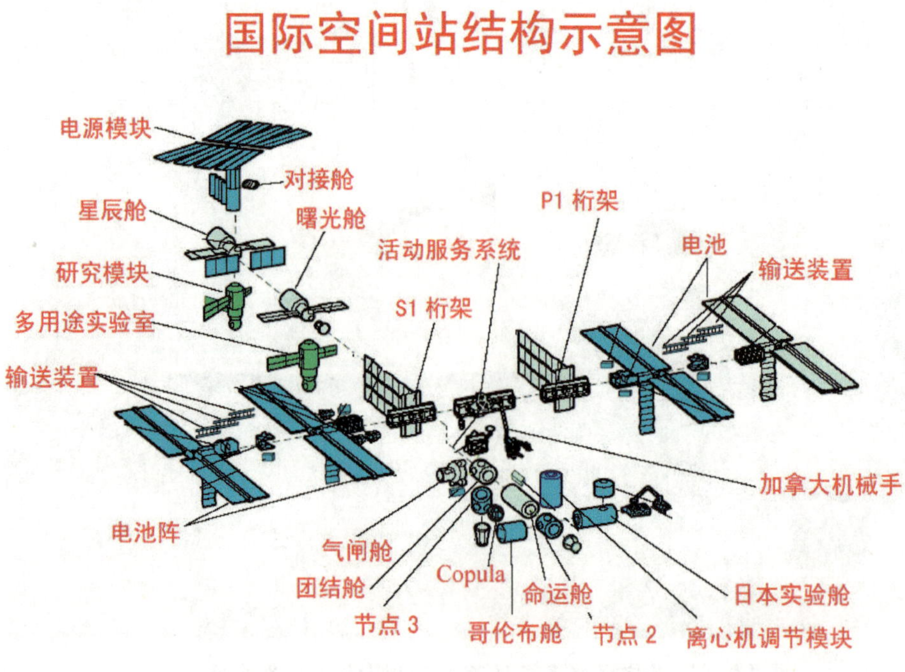

国际空间站结构示意图

求，甚至完全实现自给自足。空间站还有供航天员进入外太空的气闸舱，航天员着舱外航天服可在空间站外部进行组装、作业和维修等工作。

人类历史上的首个空间站为苏联的“礼炮”1号，于1971年成功发射升空，它属于单舱、只有一个对接口的第一代空间站，随后的“礼炮”2号至“礼炮”5号都是第一代空间站；苏联的“礼炮”6号和“礼炮”7号为第二代空间站，它的特点是单舱、有两个对接口；苏联的“和平”号空间站采用了多舱、积木式结构，为第三代空间站。目前，地球轨道上运行的国际空间站属于第四代空间站，采用了多舱、桁架式和积木式的“混和”结构。

“礼炮”号空间站

“礼炮”号空间站内场景

国际空间站总质量约438吨，长108米，宽(含翼展)88米，轨道倾角51.6度，运行轨道高度约400千米。国际空间站由对接舱、气闸舱、轨道舱、生活舱、后勤服务舱、专用设备舱和太阳能电池等部分组成，总体以桁架为基本结构，增压舱和其它各种服务模块组合在桁架上，形成桁架挂舱式结构。国际空间站第一个舱段“曙光”号于1998年发射入轨，经历十几年的漫长建造过程后，于2011年基本建成，共有16个国家参与建设。国际空间站原设计使用寿命到2020年，现决定延寿至2024年，并获得了大部分参与国的支持。

组装成功后的国际空间站，为科学研究和开发太空资源提供了强有力的手段。仅就太空微重力这一特殊因素来说，国际空间站就能给生命科学、生物技术、航天医学、材料科学、流体物理、燃烧科学等研究提供比地球上好得多、

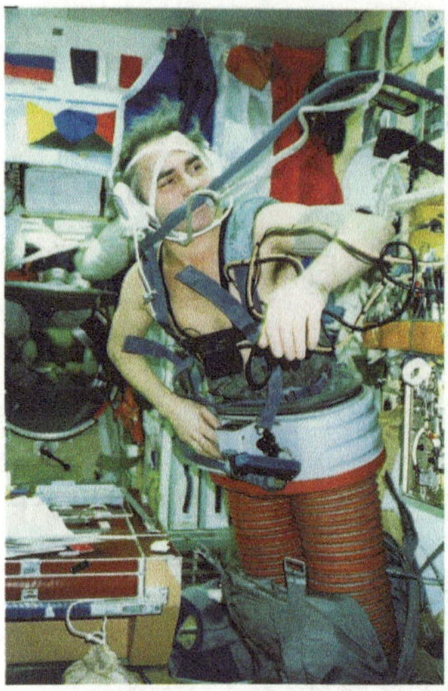

下体负压裤

甚至在地球无法提供的优越条件，大大促进了这些学科的进步和发展，有着广阔的应用前景。此外，国际空间站还为人类提供了一个长期在太空轨道上进行对地观测和天文观测的机会。对地观测方面，国际空间站远远优于遥感卫星，因为航天员可以及时调整遥感器的各种参数，以获得最佳观测效果；设备发生故障时，可随时维修；还可以通过更换遥感仪器设备，使新技术及时得到应用。国际空间站在天文观测上，也有着得天独厚的优势，使观测设备发挥最佳作用。国际空间站在教育方面也发挥了巨大作用，大量学生设计的实验被送到了国际空间站。

中国的航天技术取得了长足进步，随着天地往返运输技术、航天员出舱活动技术、交会对接技术等关键技术的突破，中国的空间站预计将于 2022 年建成，之后，中国的空间站可能将是世界上唯一在轨运行的空间站，为广大科研人员提供理想的实验平台。

空间站内的工作场景

国际空间站

中国空间站假想图

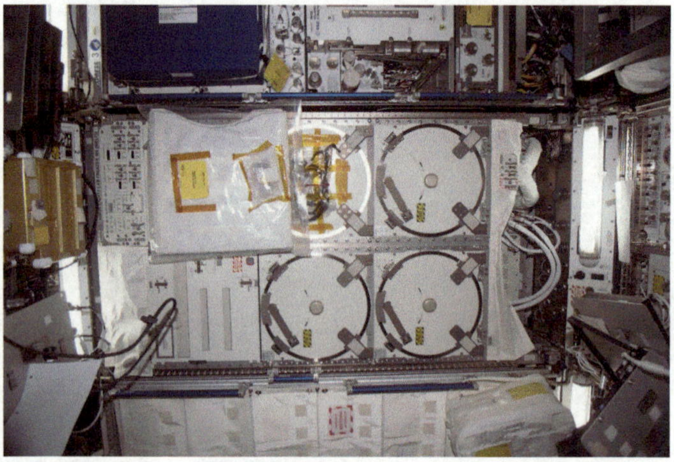

标准机柜

◎ 标准有效载荷机柜 ◎

国际空间站上主要采用标准有效载荷机柜（ISPR），放置各种有效载荷，开展不同领域的科学实验。标准有效载荷机柜有着相同的接口和界面，部件具有通用性，便于维护，便于整合。机柜内部高2米，宽1.05米，深85.9厘米，机柜自重104公斤，内部可容纳700公斤的有效载荷，机柜内部可以放置更小的子机柜，如空间实验室标准界面机柜抽屉等。标准有效载荷机柜体积很大，进步号货运飞船、ATV等都装不下，过去主要利用航天飞机搭载多功能后勤舱进行运输，2011年航天飞机退役后，只有日本的HT具备运输机柜的能力。

“和平”号空间站

“和平（Mir）”号空间站是苏联/俄罗斯第3代载人空间站，也是世界首个可长期居住的多功能空间研究平台。“和平”号空间站采用积木式构造，由核心舱、“量子1”和“量子2”实验舱、“晶体”技术舱、“光谱”光学舱、“自然”研究舱和对接舱组成。其核心舱有6个对接口，总长13.13米，最大直径4.2米，总重20.4吨。主要由“联盟”号载人飞船和“进步”号货运飞船维护空间站的运行。

“和平”号空间站在轨运行5511天（15年左右），绕地球飞行了8.6万多圈，行程35亿公里。运行期间，共有31艘“联盟”号载人飞船、62艘“进步”号货运飞船与空间站实现对接，航天员完成78次太空行走，累计舱外活动时间359小时12分钟。先后有28个长期考察组和16个短期考察组在空间站从事考察活动，共有12个国家的135名航天员在空间站上工作，进行了1.65万次科学实验。“和平”号空间站为国际空间站的建设积累了宝贵经验，为人类的科学进步与和平发展做出了巨大贡献。

“和平”号空间站

★手套箱★

手套箱是一种密封容器，操作者可以利用安装在箱体上的手套对封闭环境中的物体进行操作，操作者和手套箱的内部是完全隔离的。手套箱的箱体通常大部分是透明的，便于操作者进行观察。手套箱主要分为两类，一类是处理有毒有害物质，如病原体或放射性物质，另一类是需要将对象置于高纯度的惰性气体环境的实验。如果手套箱用于有毒有害物质的实验，则需要内部保持负压状态，防止泄漏。微重力科学手套箱是国际空间站上的一个手套箱，用于流体、燃烧和有毒物质的微重力环境实验。

手套箱

★冷冻实验样本的冰箱★

冰箱是空间站上的重要设备，但是空间站上的冰箱并不是像家中那样存放食品，那就太奢侈了。空间站上的冰箱是重要的科研设施，主要用于冷冻和冷藏实验样本。例如，国际空间站就配备有多个冰箱，“冰川（GLACIER）”冰箱就是其中一个代表，它可以快速将实验样本冷冻到 -160 °C，在没有电力的情况下，仍可以维持样本冷冻数小时的时间。MELFI 冰箱可以维持 +4°C 到 -80 °C 的范围，POLAR 冰箱的温度范围是 +4 °C 到 -95 °C。

空间站冷冻冰箱

★舱外暴露平台★

为了在外太空环境开展舱外试验，国际空间站外部设置了多个可以放置有效载荷的试验平台，利用外太空的真空、失重、辐射、微陨石等环境，开展实验。这些平台既可以放置简单的有效载荷，例如研究材料在太空环境中的寿命，研究太空碎片和微陨石的简单暴露试验；也可以放置复杂的有效载荷。暴露平台可以提供相应的电源和数据接口。

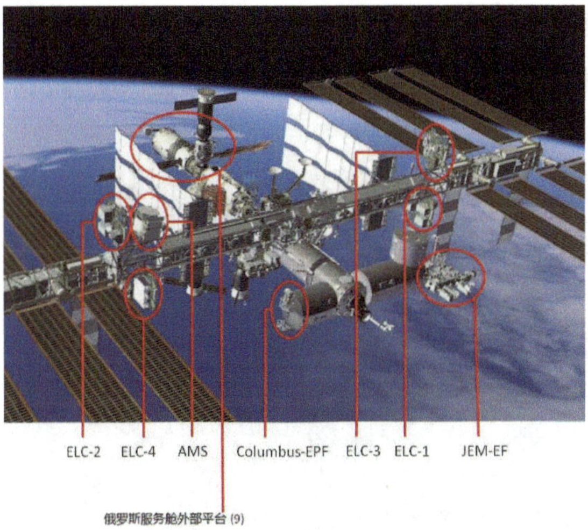

国际空间站上的舱外暴露平台

★对地观测望远镜（EarthKAM）★

EarthKAM 是一台安装在国际空间站（ISS）窗口的数码相机，可以通过舷窗拍摄地球的照片，它为学生提供了真正科学研究的机会。完成注册的学生可以申请控制相机，自己确定拍摄地点，然后利用拍摄的照片开展科学研究。通过 EarthKAM 网站提交具体拍摄地点的申请时，必须要考虑到国际空间站的具体运行轨道，研究地图信息，并考虑到天气状况。由学生组成的评审小组，对申请进行评审后，再提交给约翰逊中心。最后，当相机飞越照相目的地上空时，就会拍摄照片，传送到喷气推进实验室，之后在网上发布。

★ NASA 球形编队机器人——SPHERES ★

2006 年，NASA 将三个可自由飞行的小型机器人 SPHERES 送上了国际空间站。这些机器人在太空进行了长达 600 个小时的实验，开展了包括自主形态飞行、空间站导航和地图绘制等丰富的实验，甚至还运行了中学生在团队比赛中编写的程序。SPHERES 需要始终处于航天员的监督控制下（因为它们比较易燃等原因），而且依赖一次性碱性电池组供电，由二氧化碳推进罐提供动力。

美国宇航员斯科特·凯利正在国际空间站上和 SPHERES 一同工作

★小卫星释放装置★

目前，国际空间站上安装有2个小卫星释放装置，分别是日本实验模块小卫星轨道释放器(J-SSOD)和NanoRacks立方体卫星释放器(NRCSD)。其中，J-SSOD是国际空间站上首个小型卫星释放器。NRCSD是ISS中首款商业化的小型卫星释放器。J-SSOD有2个卫星安装盒，每个卫星安装盒最多可容纳3颗小型单体立方星。

NRCSD比J-SSOD研制更晚，因此更为先进，释放能力更强，持有8个释放器，每个释放器能够容纳6U的卫星，每个气闸周期允许总共释放48U卫星。

这两种释放器的原理均是通过气压弹射方式，即利用机械臂将装在箱子内的卫星移动到释放地点，利用弹簧的力量，将卫星向国际空间站运行的反方向弹出。需要指出的是，目前的卫星释放装置只能释放标准化的立方体卫星，而手动释放对于卫星形状没有限制，可释放的卫星种类更多，这是手动释放卫星的优势所在。

小卫星释放装置

★空间植物生长装置★

Veggie 是一个在国际空间站上可种植多种植物的植物生长系统，该设备重 7.2 千克。从外表看，它好像很简单，就像我们在阳台上种植花和蔬菜的“盒子”，实际上却是一个复杂的设备。它可以折叠也可以拉伸，上面是一个透明的聚四氟乙烯盖，可以允许航天员观察植物的生长。它是目前国际空间站上用于植物生长的最大系统，在上面可以进行先前实验中不能生长的、更大植物的研究。该系统吸收 115 瓦特的峰值功率，它有可调节波长、光强度和日夜循环的红、绿、蓝三色 LED 灯，以支持植物生长的需要。热控制是由空间站舱内系统提供，二氧化碳是来自于国际空间站上的环境空气。Veggie 里面还有测量温度、湿度和二氧化碳压力的传感器和照相设备。最主要的是一个种植枕，它像人睡觉的枕头，里面有供植物生长的“土壤”，植物的种子就放在种植枕里面。种植枕里的“土壤”，可根据不同的研究目的，选用不同的培养基。

百日菊被种在国际空间站的 Veggie 实验室中

第三章

克隆失重：地面上的“太空试验”

学生设计实验进入太空的机会有限，那么地面上是否可以做“太空试验”呢？答案是肯定的。

★零重力飞机（Zero-G Plane）★

零重力飞机也叫失重飞机，由普通飞机经过简单改装而成，通过抛物线飞行的方式，在地球上创造短暂的微重力环境。此外，失重飞机还可以设计飞出月球 1/6g 和火星 1/3g 的重力环境，以及超重环境。

失重飞机的秘密在于抛物线飞行。抛物线飞行是指失重飞机到达一定飞行高度和特定空域后，先加速向上拉起，然后以“自由落体”的方式飞行，飞出一个抛物线的轨迹。抛物线飞行期间，飞机内就形成了微重力环境。之后，飞机再加速拉起，开始下一次抛物线飞行。通过抛物线飞行，飞机会经历超重－微重力－超重的循环过程。一般来说，失重飞机一架次可持续飞行 2–3 小时，期间飞几十个抛物线，每个抛物线可产生约二十几秒的微重力。

我们知道，地球轨道上微重力环境的形成，是因为那里的物体一直进行着“自由落体”运动，物体所受合力近似为零，物体呈现出一种没有任何重力的漂浮状态。失重飞机就是利用抛物线飞行在地球上创造这样的“自由落体”

失重飞机

环境，从而在地面创造出短时间的微重力。轨道上的微重力环境是长期的，在地球表面则很难形成这种长时间的微重力。尽管失重飞机的微重力持续时间短暂，但和太空中的微重力是完全相同的，对科研试验和航天员训练具有不可替代的重要价值。航天员可以利用抛物线飞行，在地面体验真实失重感受，进行某些专门的操作训练，帮助新航天员更好、更快地适应太空失重环境。此外，一些地面研制的上天产品，也需要验证在微重力环境下它是否能够正常工作，例如环控生保系统的气液分离膜在微重力下是否能够正常工作。我们知道利用实际太空飞行进行产品验证，不仅限制条件多，而且成本昂贵，但利用失重飞机进行验证试验，能大大降低成本，具有良好的性价比。甚至，有些微重力生命科学和医学实验也可利用失重飞机进行，不必真正进入太空，从而大大降低研究成本。

实际上，早在 1959 年人类就已经开始尝试利用飞机进行抛物线飞行了，并利用短暂的微重力开展航天员训练、科学研究、技术试验、甚至拍摄电影。现在，美国、俄罗斯和欧洲都每年定期开展失重飞机飞行。失重飞机并不是专用的飞机，开展失重飞行时，拆除部分座椅，临时进行改装。美国利用麦道飞机改装失重飞机，欧洲用的是空客飞机改装，俄罗斯用的是伊尔 -76。失重飞机一般采用商业化方式运营，各航天机构和研究单位是其主要用户。为了提高影响力，失重飞机都提供学生体验和学生试验搭载的机会。

失重飞机

零重力飞机载人漂浮场景

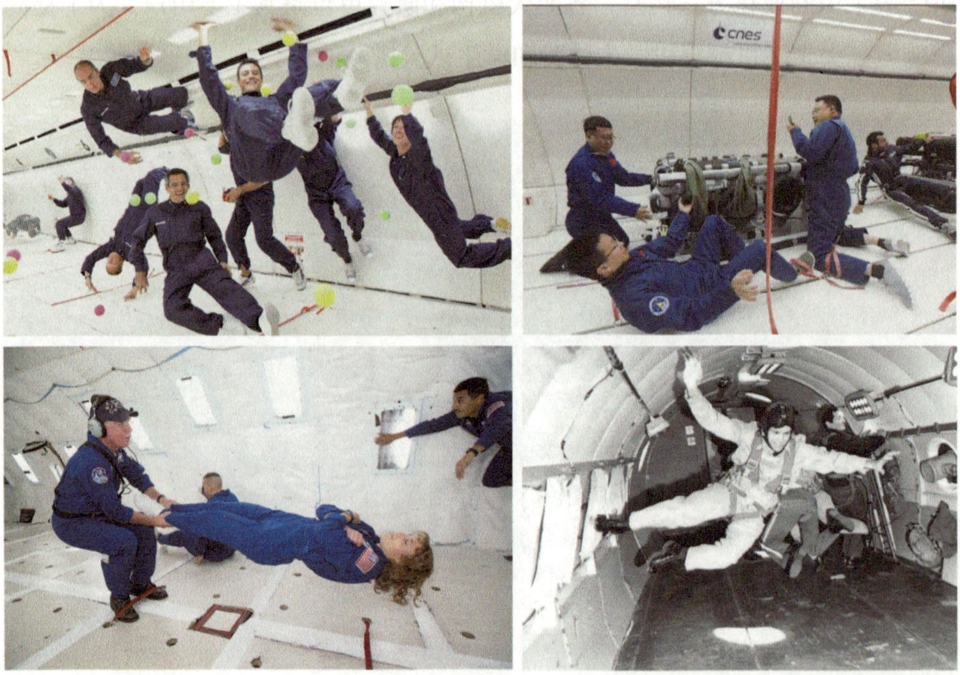

失重飞机实验

★失重落塔（Drop Tower）★

失重落塔也叫落塔或落井，是一种地基微重力实验设施。虽然不同落塔/落井的结构存在差异，但其基本原理是相同的，都是通过自由落体，产生短时间的微重力。微重力时间的长短，取决于落塔/落井的高度/深度。落塔/落井产生的微重力时间一般为1-10秒，世界上最长的落井深度490米，是利用一座废旧的矿井改建而成的，可产10秒左右的微重力。

失重落塔

利用落塔/落井可进行流体物理、非金属材料燃烧、液体管理等微重力实验研究，为航天飞行器载荷搭载实验及其防火技术研究等提供了便利的实验手段。此外，利用落塔/落井还可以开展固体微细颗粒流型实验研究，以及某些高精度微重力感应仪器研制试验，为空间科技发展提供支撑。为了提高微重力水平，需尽量减少落塔/落井实验舱下落时的空气阻力，有些落塔甚至采用真空管的形式。落塔产生的微重力水平约为10^{-6}~10^{-4}g。采用向上弹射，然后自由落体的方法，可将现有落塔的微重力时间延长一倍。但这种方法，实验载荷要先经历很高的加速度，微重力结束后，再经历一次冲击加速度，给实验对象带来巨大载荷，落塔/落井的冲击加速度最高可达20g。因此，人或者动物是不能利用落塔/落井进行微重力试验的。落塔一般要配有先进的测量、监测与控制设备，以及图像采集及传输设施，实现对舱内实验设备的遥控及图像监视等。同时，落塔还应配备有完善的地面检测设备，为用户提供各种微重力实验的技术支持和服务。

典型的落塔有：美国 NASA 格伦研究中心（GRC）的 2.2s 落塔和 5.18s 落井、德国 ZARM 的 4.74s 落塔、日本 JAMIC 的 10s 落井和 MGLAB 的 4.5s 落塔。中国的落塔有中科院工程热物理所的 2s 落塔、中国科学院力学研究所的 3.60s 落塔等。

失重落塔吊舱

释放高空气球

★高空气球（High Altitude Balloon）★

高空气球是一种在平流层飞行的无动力浮空器，其飞行高度虽不如卫星，但比飞机等航空器高得多，可达35~50km。这个高度是地球大气平流层的中上部，可以看到地球的弧线，而再高的大气探测就需要用火箭来完成了，高空气球在探测高度上起到了“承上启下”的作用。高空气球造价低廉、飞行方便、试验周期短，备受科研人员青睐，广泛应用于高能天体物理、宇宙射线、大气物理、大气化学、地面遥感、高空物理、甚至微重力实验等研究，在大气和空间科学研究方面，是一种与火箭、人造卫星等并驾齐驱的运载工具。

高空气球主要包括球体和实验吊舱两大部分，球体内充以浮升气产生浮力，吊舱携带各种科学探测仪器。球体大都由高压聚乙烯材料的球膜经热压熔焊制成，膜虽然薄，但具有良好的低温性能和很高的抗拉伸强度。大型气球还会沿其母线加有尼龙加强筋，以提高载重能力。球体形状多为自然形，一般采用“零压式”，即在球体留有排气管，使内外相通、压差为零。这样，可以防止气球升空后球内压力增大把气球涨破。气球一般使用氢气或氦气作为浮升气。氢气的浮力大、价格低廉，但易燃易爆；氦气的浮力比氢气小、也更安全，但价格昂贵。气球的体积取决于载重量和升限要求，载重量越大，升限越高，体积就越大。一般为几千立方米到几十万立方米，个别情况会超过百万立方米，对应的载重量由几十公斤到上百公斤，甚至超过一吨。

利用高空气球进行科学实验时，一般由制定计划、装配吊舱、设备调试、现场联调、气球发放、空中飞行、切割降落、地面回收等许多程序组成。实验任务完成后，地面人员发出指令，切割器将球体与系统分离，吊舱等设备利用降落伞落到地面，同时信标机发出无线电信号引导回收。

现在，各国也积极研究和发展超压气球，它不同于传统的零压气球，气囊与大气不相通，不需要像零压式气球那样不断排放浮升气体，能长时间在设计高度飞行，甚至长达 1 年之久。

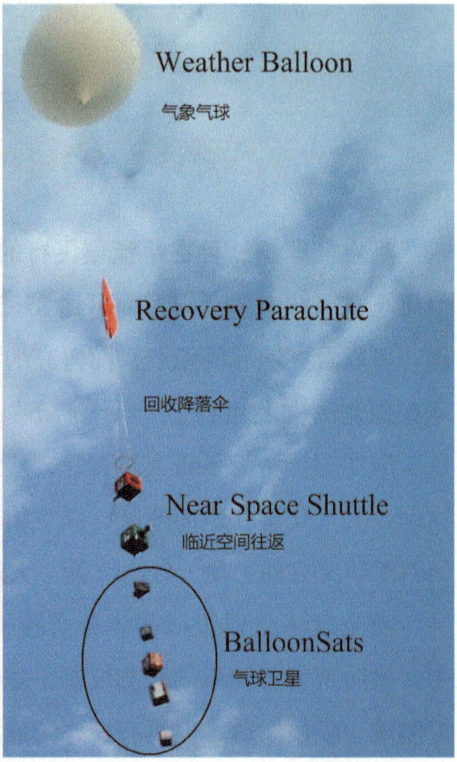

高空气球

★探空火箭（Sounding Rocket）★

黑雁 XII 亚轨道探空火箭

探空火箭是火箭的一种，主要用于近地的空间探测和科学试验。探空火箭的探测范围是 30 ~ 200 千米的高空，飞行高度介于探空气球和低轨道运行的人造地球卫星之间，它所获得的数据广泛应用于天气预报、地球物理和天文物理等方面的研究，为各类飞行器的研制提供了可靠的环境参数。世界第一枚专门用于高空大气探测的火箭是美国于 1945 年秋研制成功的“女兵下士火箭”，它能将 11 千克的有效载荷送到 70 千米的高空。

与我们通常所熟悉的运载火箭相比，探空火箭的结构和功能相对简单，它的体型小，箭体直径通常不超过 300 毫米，长度大多不超过 10 米，有效载荷只有几十千克，它的主要作用就是将搭载的仪器送到几十至几百公里的高空，进行短时间的科学观测。整个系统包括有效载荷、火箭、发射装置和地面台站。探侧仪器安放在箭头的仪器舱内，能够对高空大气的各层结构、成分及参数进行直接探测。

大多数探空火箭为单级或两级火箭，通常使用固体火箭发动机，一般仅靠稳定尾翼或火箭绕纵轴旋转来保证飞行稳定。探空火箭的发射轨迹可描述为“直上直下”，从地面以接近垂直状态发射，有时候根据需要还可从舰船或升在空中的气球上发射。发射时不需要达到第一宇宙速度，也不需要入轨。

探空火箭通常按研究对象进行分类，如气象火箭、生物火箭等。气象火箭由固体助推器和液体主火箭组成，前段携带气象仪器收集数据。生物火箭由密封生物舱（可携带实验动物）、遥测舱和回收舱组成。还有完成人造卫星仪器性能试验、固体火箭发动机高空点火试验和其它试验的一些实验性探空火箭。

图书在版编目（CIP）数据

航天少年. 学生空间搭载实验基础 / 肖志军主编. --
北京 : 研究出版社, 2019.6 （2025.8重印）
ISBN 978-7-5199-0619-1

Ⅰ. ①航… Ⅱ. ①肖… Ⅲ. ①航天学—少年读物
Ⅳ. ① V4-49

中国版本图书馆 CIP 数据核字 (2019) 第 109017 号

出 品 人：陈建军
出版统筹：丁 波
责任编辑：张 琨

航天少年：学生空间搭载实验基础
FUNDAMENTALS OF STUDENT SPACE EXPERIMENTS

作　　者　肖志军　主编
出版发行　研究出版社，中国青年出版总社
地　　址　北京市朝阳区安定门外安华里 504 号 A 座（100011）
电　　话　010-64217619　　64217652（发行中心）
网　　址　www.yanjiuchubanshe.com
经　　销　新华书店
印　　刷　北京建宏印刷有限公司
版　　次　2019 年 6 月第 1 版　　2025 年 8 月第 4 次印刷
开　　本　787 毫米 ×1092 毫米　　1/16
印　　张　5
字　　数　90 千字
书　　号　ISBN 978-7-5199-0619-1
定　　价　38.00 元